7分钟
搞定家庭
烤箱烧烤

[法]斯蒂芬妮·德·图克海姆 编著

张蔷薇 译

全家爱吃
快手健康营养餐

中国农业出版社
CHINA AGRICULTURE PRESS
北京

图书在版编目（CIP）数据

7分钟搞定家庭烤箱烧烤 /（法）斯蒂芬妮·德·图克海姆编著；张蔷薇译. —北京：中国农业出版社，2020.7
（全家爱吃快手健康营养餐）
ISBN 978-7-109-26685-8

Ⅰ．①7… Ⅱ．①斯… ②张… Ⅲ．①烘焙—糕点加工 Ⅳ．①TS213.2

中国版本图书馆CIP数据核字（2020）第044298号

7 minutes / Une plaque et au four © Hachette-Livre (Hachette Pratique) 2017.
Author of the text: Stéphanie de Turckheim

本书中文版由法国阿歇特出版社授权中国农业出版社独家出版发行，本书内容的任何部分，事先未经出版者书面许可，不得以任何方式或手段刊登。

合同登记号：图字 01-2019-5848 号

策　划：张丽四　王庆宁
编辑组：黄　曦　程　燕　丁瑞华　张　丽　刘昊阳　张　毓
翻　译：四川语言桥信息技术有限公司
排　版：北京八度出版服务机构

7分钟搞定家庭烤箱烧烤
7 FENZHONG GAODING JIATING KAOXIANG SHAOKAO

中国农业出版社出版
地址：北京市朝阳区麦子店街 18 号楼
邮编：100125
责任编辑：黄　曦
责任校对：赵　硕
印刷：北京缤索印刷有限公司
版次：2020 年 7 月第 1 版
印次：2020 年 7 月北京第 1 次印刷
发行：新华书店北京发行所
开本：710mm×1000mm　1/16
印张：4.5
字数：70 千字
定价：35.80 元

写在前面 / INTRODUCTION

简单、快捷、美味、可口……本书介绍了只需要7分钟准备时间，就可用烤盘制作完成的30种菜谱。

这本菜谱方便您的生活，让您能更简单地处理好食材。

如使用那些有机栽培的当季蔬菜和水果，无需去皮，只需用清水简单冲洗就可以。如需要用到工具，蔬菜切片器是非常实用的，能将蔬菜处理成理想的厚度，这样您可以更快地使用这些蔬菜开始烧烤。如果烤制时间过短，建议您用锡纸将烤盘覆盖好。

有关鱼肉的处理，最好是准备锡纸先覆盖住烤盘，再放鱼肉，以免发生移位，这样做也更方便享用。

优美大方的包装（锡纸）可以让您的宾客在打开的刹那感受到惊喜，更让您心情愉悦，用一种创造画卷的方式来调配原料，可以打造和谐的、美味的组合。在享用前，记得加入一些煎好的松脆干果仁、香草或是一些沙拉菜叶，烤制的熟食和新鲜的生食一起享用是绝佳搭配。

快把这本菜谱用起来吧，这样，您再也不会把烤盘丢在一边了！这是一份美食制作的新承诺：只需要7分钟，这些美食就可以轻松实现！

目录 / SOMMAIRE

写在前面

肉类

鱼和贝类

蔬菜和谷物

7分钟搞定家庭烤箱烧烤

（全家爱吃快手健康营养餐）

肉类

VIANDES

CUISSES DE POULET À LA PROVENÇALE
普罗旺斯风味烤鸡腿

6人份／烤制时间：35分钟
6 pers. / cuisson : 35 min

农家鸡腿	6 只
小马铃薯	12 个
番茄	6 个
蒜片	2 汤勺
普罗旺斯香草包	2 汤勺
橄榄油	5 汤勺
海盐	1 咖啡勺
黑胡椒粒	1 咖啡勺
香醋	少许
新鲜百里香	数株

1. 首先，将烤箱预热至180℃。

2. 然后，将小马铃薯用水擦洗干净并切成两半。再将蔬菜和鸡腿一起放入烤盘。期间，将蒜片、普罗旺斯香草包、橄榄油、海盐和黑胡椒粒均匀混合后倒在鸡腿和蔬菜上。随后，烤盘放入烤箱进行烤制。

3. 最后，烤制15分钟后，取出烤盘，将鸡腿翻面并在小马铃薯上浇上香醋，继续放入烤箱烤20分钟后，取出，撒上掐成小段的百里香即可。

AILES DE POULET SAUCE BBQ ET FRITES DE PATATES DOUCES

烤鸡翅配红薯条

4人份 / 烤制时间：40分钟
4 pers. / cuisson : 40 min

鸡翅	16只
辣番茄酱	2汤勺
蜂蜜	2汤勺
辣椒酱	1汤勺
葵花籽油	2汤勺
胡椒粒	1咖啡勺
红薯（大）	2个
枫糖浆	2汤勺
菠菜叶	少许
盐	适量

1. 首先，将烤箱预热至200℃。将鸡翅连同辣番茄酱、蜂蜜、辣椒酱、1汤勺的葵花籽油和胡椒粒一起混合均匀。把混合后的鸡翅放在烤盘上，将剩余的混合酱汁浇在鸡翅上面。再将切好的红薯条放在烤盘上。期间，将枫糖浆和1汤勺的葵花籽油混合后倒在红薯条上。加盐。

2. 然后，将准备好的食材放入烤箱烤制40分钟，在烤制完成一半时，需取出烤盘，将鸡翅和红薯条进行翻面。

3. 最后，烤制完成，撒上菠菜叶，即可享用。

BLANCS DE POULET À LA MAROCAINE
摩洛哥式烤鸡胸肉

6人份／烤制时间：45分钟
6 pers. / cuisson : 45 min

鸡胸肉	6份
糖渍柠檬	2个
去核李子干	6个
胡萝卜	3根
西葫芦	2个
鹰嘴豆	5汤勺
蜂蜜	2汤勺
摩洛哥特色香料包*	2汤勺
柠檬汁	2汤勺
橄榄油	4汤勺
香菜碎	3汤勺
烤扁桃仁片	2汤勺
盐、胡椒粉	适量

1. 首先，在沙拉盆内放入鸡肉、柠檬（每个切成6份）、李子干、胡萝卜、切圆片的西葫芦和鹰嘴豆。将蜂蜜、摩洛哥特色香料包、柠檬汁和橄榄油均匀混合后倒入盆中，并与鸡肉和蔬菜进行均匀混合。

2. 然后，用锡纸将空烤盘覆盖好，依次将鸡胸肉和蔬菜交替摆在烤盘上。在烤盘上倒入剩余酱汁和8毫升水。

3. 最后，将锡纸折起封好，烤盘入烤箱以180℃烤制45分钟。取出后，撒上香菜碎和烤扁桃仁片，加盐和胡椒粉调味。

---

* 摩洛哥特色香料是一种由多达上百种香料混合而成的香料，是马格里布地区（包括摩洛哥、突尼斯、利比亚和阿尔及利亚）烹饪中最基本的食材。一般来说这种香料中都包含了以下材料中的数种或全部：甜胡椒浆果、黑胡椒籽、肉豆蔻、豆蔻籽、藏红花丝、生姜根、肉桂茎、姜黄、生姜和玫瑰花瓣等。——译者注

BŒUF AUX ASPERGES VERTES
烤牛肉配青芦笋

4人份／烤制时间：15分钟
4 pers. / cuisson : 15 min

切片牛肉	450克
青芦笋	2捆
柠檬	1个（榨汁）
蒜	2瓣
芥末酱	1汤勺
葡萄酒醋	3汤勺
腌渍酸黄瓜	3个
鳀鱼排	6份
罗勒	适量
香菜	适量
薄荷	适量
生甜菜	1棵
红萝卜	1个
橄榄油	6汤勺
盐、胡椒	适量

1. 首先，将烤箱预热至180℃。把牛肉和芦笋放在烤盘上，撒上盐和研磨好的胡椒粉，再将柠檬汁和橄榄油浇淋在上面。放入烤箱烤8分钟，取出，将牛肉翻面，并继续烤7分钟。

2. 然后，将去皮后的蒜和芥末酱、醋、酸黄瓜、鳀鱼排、罗勒、香菜、薄荷搅打混合制成酱料待用。

3. 最后，甜菜去皮，和红萝卜一起切成薄片。将准备好的混合酱汁倒在牛肉和蔬菜上，并将切好的甜菜和萝卜片摆上去。

RIBS ET ÉPIS DE MAÏS COMME AUX US
美式烤猪肋排配玉米

4人份／烤制时间：30分钟左右
4 pers. / cuisson : 30 min environ

猪肋排	1.5千克
蜂蜜	3汤勺
酱油	3汤勺
蒜末	1汤勺
姜末	1汤勺（新鲜）
芝麻油	1汤勺
花生油	2汤勺
玉米	4个
黄油	4咖啡勺
香菜碎	4汤勺
盐、胡椒粉	适量

1. 首先，将烤箱预热至200℃。期间，将蜂蜜、酱油、蒜末、姜末和油在沙拉盆里均匀混合。再将猪肋排放入装有混合酱料的沙拉盆中，使之均匀裹上酱料。将涂好酱料的猪肋排放在烤盘上一侧，并倒上剩余的酱料，将玉米放在烤盘的另一侧。放入烤箱烤15分钟。

2. 15分钟后，取出烤盘。将猪肋排和玉米翻面，再放入烤盘继续烤10～15分钟。

3. 最后，将每个玉米上放1咖啡勺的黄油，在烤好的猪肋排上撒上香菜碎，并根据需要加盐和胡椒粉调味。

CÔTES DE PORC À LA MOUTARDE
芥末风味烤猪排

6人份 / 烤制时间：25~30分钟
6 pers. / cuisson : 25 à 30 min

猪排	6份
芥末酱	1罐
蘑菇（大褐菇）	6个
	（大）
新鲜大蒜和香草奶酪	1份
干白葡萄酒	半瓶
浓奶油	3汤勺
欧芹碎	3汤勺
浓缩酱油	3~4滴
橄榄油	少许
盐、胡椒粉	适量

1. 首先，将烤箱预热至200℃。将猪排均匀涂抹上芥末酱，并放在烤盘上。蘑菇擦洗干净后，摘下菌柄，涂上奶酪，并放在烤盘上，再浇淋上少许橄榄油。放入烤箱烤15分钟。

2. 15分钟后，取出烤盘，将猪排翻面并倒上葡萄酒，再加上奶油。再次入烤箱，烤制10分钟（如果猪排很厚则需要增加烤制时间）。

3. 最后，取出烤盘，撒上欧芹碎，滴入浓缩酱油，再根据情况适量加入盐和胡椒粉调味，即可享用。

MÉDAILLON DE PORC ÉPICÉ AUX 2 POMMES
麻辣烤猪排配苹果

6人份／烤制时间：45分钟
6 pers. / cuisson : 45 min

猪里脊	1千克（切成两份）
苹果	6个
马铃薯	6个（粉糯易熟的）
蜂蜜	6汤勺
黄油	50克
咖喱粉	2汤勺
芹菜碎	2汤勺
盐、胡椒粉	适量

1. 首先，将烤箱预热至180℃。将里脊放在烤盘上。苹果洗净后挖空果核，在烤盘上摆成2列。马铃薯洗净并摆在烤盘上。

2. 然后，将黄油用平底锅加热融化，期间，加入蜂蜜和咖喱粉。用刷子将准备好的黄油酱料均匀涂抹在烤盘的食材上，撒上盐和胡椒粉。放入烤箱烤45分钟。

3. 最后，烤制期间，将剩余酱料倒在里脊上。烤制结束后，撒上芹菜碎，即可趁热品尝。

FILET DE BŒUF EN CROÛTE DE MOUTARDE ET D'HERBES

香草芥末风味烤牛里脊

6人份／烤制时间：30分钟
6 pers. / cuisson : 30 min

牛里脊	1千克
香草芥末酱	6汤勺
细面包糠	50克
欧芹碎	4汤勺
牛奶	2汤勺
小马铃薯	1盒
芝麻菜	1袋
香醋	少许
橄榄油	5汤勺
盐	适量

1. 首先，将烤箱预热至200℃。在碗中，将芥末酱、面包糠、欧芹碎、牛奶和2汤勺的橄榄油均匀混合，再将混合好的酱料均匀涂抹在牛里脊的表面。

2. 然后，将涂好酱料的牛里脊放在烤盘上，牛里脊四周放上小马铃薯。加少许橄榄油，撒上盐。放入烤箱烤30分钟。

3. 最后，将烤制好的牛肉切片，加芝麻菜在小马铃薯上，并倒入少许橄榄油和香醋。即可享用。

MAGRETS À L'ORANGE ET AU SÉSAME
芝麻烤鸭胸肉配橙子

---

6 人份 / 烤制时间：35 分钟
6 pers. / cuisson : 35 min

鸭胸肉	3 份
新萝卜	12 个
橙子果酱	3 汤勺
四味调料粉	一小撮
橙子	1 个
芝麻	1 汤勺
紫甘蓝	¼ 个
盐和胡椒粉	适量

1. 首先，将烤箱预热至180℃。萝卜洗净，除去茎叶（留出几根绿茎叶待用）后，切成圆片。用刀在鸭胸肉上有脂肪的那一侧划数道条纹，将鸭胸肉均匀涂抹上橙子果酱，再撒上四味调料粉，同切好的萝卜片一起放在烤盘上。放入烤箱烤制。

2. 然后，橙子榨汁。20分钟后，取出烤盘，浇上橙子汁使烤鸭胸肉着色并将鸭胸肉翻面。迅速将萝卜片放入烤盘后，加盐和胡椒粉调味，再撒上芝麻，放在烤盘上，同鸭胸肉一起继续烤制15分钟。

3. 最后，将紫甘蓝和萝卜叶茎切成细丝，搭配烤好的鸭胸肉一同享用。

CÔTELETTES D'AGNEAU AUX HARICOTS BLANCS

烤羊排配白芸豆

---

4 人份／烤制时间：15～20 分钟
4 pers. / cuisson : 15 à 20 min

羊排	12 份
蒜末	2 汤勺
新鲜百里香	若干
白芸豆罐头	1 大盒
生菜心	6 个
胡萝卜	2 个
欧芹末	2 汤勺
香葱末	1 汤勺
橄榄油（少许）	2 份
盐、胡椒粉	适量

1. 首先，将烤箱预热至180℃。
   将羊排放在烤盘上，撒上蒜末
   和百里香段，加入一份橄榄油。
   再加入一排生菜心，倒入白芸
   豆和一点汁（指芸豆罐头里的
   汁）。胡萝卜洗净并用蔬菜切片
   器切成薄片放烤盘。

2. 然后，将烤盘放入烤箱内烤
   15～20分钟，时间长短取决于
   羊排大小。

3. 最后，在享用前，放盐和胡椒
   粉调味，撒上欧芹碎和百里香
   段等香料。宜趁热品尝。

7分钟搞定家庭烤箱烧烤

（全家爱吃快手健康营养餐）

鱼和贝类

POISSON ET COQUILLAGES

FILETS DE POISSON BLANC AUX AGRUMES ET ESTRAGON
烤鱼排配橙子和龙蒿

---

6 人份 ／ 烤制时间：20 分钟
6 pers. / cuisson : 20 min

鱼排	6 份
葡萄柚（西柚）	2 个
橙子	2 个
黄瓜	1 个
龙蒿碎	2 汤勺
橄榄油	少许
盐、胡椒粉	适量

1. 首先，将烤箱预热至180℃。
   水果去皮，切成圆片。黄瓜先
   切成圆段，再改刀切成条状。

2. 然后，在烤盘上交替摆放好鱼
   排和水果片，再将黄瓜条倒在
   上面并浇上橄榄油。加盐和胡
   椒粉调味。放入烤箱20分钟。

3. 最后，在享用前，撒上龙蒿碎。

DOS DE CABILLAUD EN ÉCAILLES DE CHORIZO

烤鳕鱼鱼脊配西班牙辣香肠片

6人份／烤制时间：15～20分钟
6 pers. / cuisson : 15 à 20 min

鳕鱼鱼脊	4份
西班牙辣香肠	40片（极薄）
马铃薯	5个（大）
洋葱碎	1汤勺
欧芹碎	4汤勺
鸡蛋	1个
橄榄油	少许
盐、胡椒粉	适量

1. 将烤箱预热至200℃。将鳕鱼鱼脊依次并排放在烤盘上，再用西班牙辣香肠仿照鱼鳞的层次摆在鳕鱼上。浇上少许橄榄油。

2. 马铃薯去皮，擦丝，放入沙拉盆中，加入洋葱碎、欧芹碎、鸡蛋、盐和胡椒粉。将盆中食材均匀地混合后，用汤勺舀出放在鱼肉旁边形成一个个马铃薯堆儿。烤盘放入烤箱中烤15～20分钟，时间长短可根据鱼肉的厚度来决定。

PAPILLOTE DE DORADE AU CITRON CONFIT
锡纸烤剑鱼配腌渍柠檬

4人份／烤制时间：20分钟
4 pers. / cuisson : 20 min

剑鱼	1条（已处理好的）
番茄	4个
腌渍柠檬切片	4片
蒜	4瓣（带皮）
西葫芦	2个
茴香根	2个
橄榄油	少许
罗勒碎	2汤勺
埃斯普莱特辣椒	一小撮
盐、胡椒粉	适量

1. 首先，将烤箱预热至180℃。

2. 然后，在烤盘上铺好锡纸。中间位置放上切片的番茄。用蔬菜切片器将西葫芦切片并放在番茄上面。茴香根切片，取一半放在西葫芦片上。把剑鱼放在烤盘上，鱼身上放3片腌渍柠檬和两瓣蒜。

3. 最后，将剩余的柠檬片、蒜瓣和茴香根放入剑鱼鱼腹。浇上橄榄油，加入辣椒粉、盐和胡椒粉，将锡纸封好，入烤箱。烤制时间为20分钟。出烤箱后，撒上罗勒碎。如无埃斯普莱特辣椒，也可用其他辣椒粉代替。

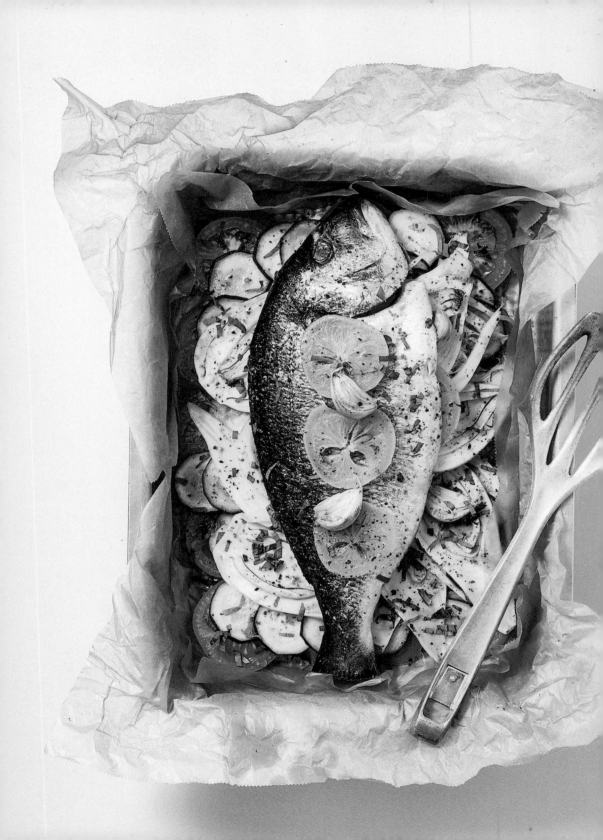

BAR FARCI AUX LÉGUMES ET BEURRE CITRONNÉ
烤狼鲈鱼配柠檬黄油

6人份／烤制时间：35~40分钟
6 pers. / cuisson : 35 à 40 min

狼鲈鱼（大）	1条（处理过的）
芹菜段	4根
番茄	3个
小马铃薯	1盒
橄榄油	少许
半盐黄油	150克
稀奶油	25毫升
柠檬	1个（榨汁）
盐	1满撮
胡椒粉	适量

1. 首先，将烤箱预热至180℃。烤盘上铺好锡纸，狼鲈鱼放在中间，把芹菜段、每个切成四块的番茄塞入鱼腹内，把小马铃薯放在狼鲈鱼四周。倒上橄榄油，加盐调味。放入烤箱烤制35~40分钟。

2. 然后，在烤制期间，取一平底锅，用文火融化黄油，再倒入奶油，一边加热一边搅拌，再加入柠檬汁和胡椒粉。继续加热直至酱汁变得黏稠。

3. 最后，将狼鲈鱼和小土豆蘸着酱汁一同享用。

FILETS DE SAUMON, MANGUE ET CORIANDRE
烤三文鱼配芒果香菜

6人份 / 烤制时间：10～15分钟
6 pers. / cuisson : 10 à 15 min

三文鱼排	6份
蒜末	2汤勺
青柠檬	2个（榨汁）
液体蜂蜜	2汤勺
小茴香粉	1咖啡勺
芒果	3个
香菜碎	4汤勺
橄榄油	少许
盐、胡椒粉	适量

1. 首先，将烤箱预热至200℃。烤盘上覆盖好锡纸。依次放入三文鱼排，鱼排之间隔开一定距离。取一碗，倒入蒜末、柠檬汁、蜂蜜和小茴香，均匀混合后加入盐和胡椒粉。再次混合后浇在三文鱼排上。根据个人喜好，放入烤箱烤10～15分钟。

2. 然后，芒果去皮切丁。剩余柠檬榨汁。

3. 最后，从烤箱取出成品，撒上芒果丁和香菜碎，并倒入准备好的柠檬汁和橄榄油。

TRUITES AUX AMANDES ET AUX ASPERGES VERTES
杏仁烤鳟鱼配青芦笋

---

6 人份 / 烤制时间：25～30分钟
6 pers. / cuisson : 25 à 30 min

鳟鱼	数条（已处理好）
青芦笋	18根
扁桃仁片	120克
柠檬	1个（榨汁）
稀奶油	25毫升
橄榄油	少许
盐、胡椒粉	适量

1. 首先，将烤箱预热至200℃。烤盘上覆盖好锡纸。将鳟鱼放在烤盘一侧，青芦笋放在另一侧，其中，把偏长的芦笋用切菜器切断。洒上橄榄油、盐和胡椒粉，随后放入烤箱烤15分钟。

2. 然后，用平底锅将扁桃仁片煎至松脆。取出烤盘，在鳟鱼上浇淋柠檬汁并倒上奶油，继续放入烤箱烤10分钟。

3. 最后，取出烤盘，撒上煎好的扁桃仁片，即可享用。

CREVETTES À L'AIL
蒜粉烤虾

6人份／烤制时间：10分钟
6 pers. / cuisson : 10 min

对虾（去头去壳）	275克
红洋葱	2个
蒜粉（粗粒状）	2汤勺
柠檬皮碎末	1汤勺
埃斯普莱特辣椒	一小撮
牛油果	2个
石榴	1个
柠檬	1个（榨汁）
豆芽	1盒
橄榄油	4汤勺
盐、胡椒粉	适量

1. 首先，将烤箱预热至200℃。红洋葱切成细碎粒和虾一起混合，再加入蒜粉、柠檬碎末和辣椒粉，倒入橄榄油一起均匀混合。混合好后，全部倒在烤盘上，放入烤箱烤10分钟。

2. 然后，牛油果去皮剔核切片，石榴取出果肉粒。

3. 最后，取出烤盘后，洒上柠檬汁，加入牛油果、石榴粒和豆芽。再根据情况适度调整口味后，即可享用。

RIZ AUX FRUITS DE MER
海鲜烧烤配米饭

6人份 / 烤制时间：30分钟
6 pers. / cuisson : 30 min

速食米饭（每盒250克）	2盒
番茄碎	800克
调味香料	1汤勺
速冻海鲜	400克（已解冻）
红洋葱	2个
蒜	2瓣
西班牙辣香肠片	6片
鱼高汤	35毫升
欧芹碎	2汤勺
盐、胡椒粉	适量

1. 首先，将烤箱预热至180℃。
   在烤盘上倒入米饭，加入番茄、
   调味香料、解冻后的海鲜、洋
   葱、蒜末（去皮切碎）和西班
   牙辣香肠片。将全部食材均匀
   混合后，倒入一半的鱼高汤
   （如没有也可用鸡高汤代替）。
   放入烤箱烤15分钟。

2. 然后，取出烤盘，再倒入剩余
   的鱼高汤与烤盘内食材混合。
   品尝并调整味道，再次放入烤
   箱烤15分钟。

3. 最后，取出烤盘，在享用前撒
   上欧芹碎。

DORADE À LA PROVENÇALE
普罗旺斯风味烤剑鱼

6人份／烤制时间：15分钟
6 pers. / cuisson : 15 min

剑鱼	6 块
番茄碎	800 克
蒜粉（粗颗粒蒜粉）	2 汤勺
新鲜百里香	2 汤勺
月桂叶	2 片
欧芹碎	2 汤勺
辣椒粉	一小撮
速食米饭	450 克
菠菜叶	1 袋
柠檬	半个（榨汁）
少许橄榄油	2 份
盐、胡椒粉	适量

1. 首先，将烤箱预热至180℃。烤盘上覆盖好锡纸。将番茄、蒜粉、百里香段、月桂叶、欧芹碎、辣椒粉、米饭和3汤勺水均匀混合。

2. 然后，将混合好的食材倒入烤盘，并放上剑鱼块，洒上少许橄榄油，加盐和胡椒粉调味。放入烤箱烤15分钟。

3. 最后，加入菠菜叶、少许柠檬汁和少许橄榄油。

PÂTES AUX COQUILLAGES
烤贝类配意面

4人份／烤制时间：10～15分钟
4 pers. / cuisson : 15 min

青口贝	1.5千克
蚶子	500克
蛤蜊	500克
洋葱	1个
蒜	3瓣
干白葡萄酒	20毫升
新鲜百里香	少许
新鲜意面	250克
橄榄油	少许
罗勒叶	少许
盐、胡椒粉	适量

1. 首先，将烤箱预热至220℃。将全部的海鲜倒在烤盘上，放入烤箱烤5分钟。洋葱和蒜去皮后，切成碎粒。

2. 然后，取出烤盘并倒出烤盘中的水，在各种贝类上，先倒入葡萄酒，再加入百里香段、洋葱末、蒜末、盐、胡椒粉。再放入烤箱烤10分钟。

3. 最后，将意面按照包装上说明煮熟。沥干水分，加入到烤好的贝类中，再倒入橄榄油，撒上切碎的罗勒叶，混合均匀后，即可享用。

7分钟搞定家庭烤箱烧烤

（全家爱吃快手健康营养餐）

蔬菜和谷物

LÉGUMES ET CÉRÉALES

POTIMARRON ET CHÂTAIGNES AU MIEL ET ÉPICES

甜辣风味烤南瓜配栗子

6人份／烤制时间：30～35分钟
6 pers. / cuisson : 30 à 35 min

小南瓜	2个
栗子	1罐
蜂蜜	2汤勺
四味调料粉	1咖啡勺
红洋葱	1个
青苹果	2个
柠檬汁	少许
杏仁、核桃仁和榛仁碎混合物	3汤勺
南瓜籽	2汤勺
香菜碎	3汤勺
橄榄油	3汤勺
盐、胡椒粉	适量

1. 首先，将烤箱预热至180℃。南瓜切片并依次摆放在烤盘上，再加入栗子。将蜂蜜、调味料和橄榄油均匀混合后倒在南瓜片及栗子上。放入烤箱烤20分钟。

2. 然后，洋葱去皮切成圆片，苹果切丁加入柠檬汁一起混合。取出烤盘，加入杏仁等3种坚果碎混合物和南瓜籽，继续烤制10～15分钟。

3. 最后，取出烤盘，加入洋葱、苹果丁和香菜碎，加盐和胡椒粉调味即可。

TIAN COMPLET AUX HERBES FRAÎCHES ET AUX CÂPRES

烤蔬菜什锦

4人份／烤制时间：1小时
4 pers. / cuisson : 1 h

西葫芦	2个
茄子	2个
番茄	6个
马铃薯	4个
蒜粉（粗粒状）	2汤勺
蒜片	2汤勺
圆葱粉（粗粒状）	2汤勺
调味料（可根据品味选择）	
	2汤勺
鲜奶酪	1个
刺山柑花蕾（大）	4汤勺
欧芹碎	2汤勺
罗勒碎	2汤勺
橄榄油	少许
盐、胡椒粉	适量

1. 首先，将烤箱预热至180℃。茄子及番茄、西葫芦洗净后，切成同样大小的圆片状，并摆放到烤盘上。

2. 然后，在茄子及番茄、西葫芦圆片上撒上蒜粉、圆葱粉和调味料；倒上橄榄油；加入盐和胡椒粉。放入烤箱烤1小时。

3. 最后，取出烤盘，先检查烤制情况，再加入新鲜奶酪、刺山柑花蕾、欧芹碎和罗勒碎，趁热享用。

FENOUIL RÔTI À LA BURRATA
烤茴香根配布拉塔奶酪

6 人份 / 烤制时间：50 分钟至 1 小时
6 pers. / cuisson : 50 min à 1 h

茴香根	6 个
有机橙子	1 个
有机柠檬	1 个
布拉塔奶酪	3 个
黑萝卜	1 根
芝麻菜	一小把
橄榄油	少许
盐、胡椒粉	适量

1. 首先，将烤箱预热至180℃。将每个茴香根切成四份，摆放在烤盘上。将剥皮后的橙子和柠檬片，放在茴香根上，再倒入橄榄油。入烤箱烤50分钟至1小时。

2. 然后，把橙子和柠檬榨汁，将榨好的果汁均匀地浇在茴香根上。黑萝卜去皮切片。

3. 最后，将布拉塔奶酪放在热茴香根上，布拉塔会慢慢融化。撒入盐和胡椒粉调味，加入萝卜片和芝麻菜。即刻可以享用。

LÉGUMES D'ÉTÉ CONFITS
夏季蔬菜大烤烩

6 人份 / 烤制时间：2 小时
6 pers. / cuisson : 2 h

番茄	6 个
茄子	2 个
西葫芦	2 个
甜椒	2 个
茴香根	2 个
蒜	1 头
新鲜百里香	少许
奶酪	300 克
薄荷碎	2 汤勺
香菜碎	2 汤勺
葱末	2 汤勺
松仁	120 克
新鲜圆葱	2 个
橄榄油	4 汤勺
盐、胡椒粉	适量

1. 首先，将各种蔬菜洗净切块，与不脱皮蒜瓣和百里香段一同放入烤盘。倒入橄榄油，加盐和胡椒粉调味。放入烤箱烤2小时，烤箱温度180℃。烤制期间，需要有规律地搅拌数次。

2. 然后，将奶酪和调料香草均匀混合。用煎锅将松仁煎至松脆。新鲜圆葱切碎粒。

3. 最后，将奶酪浇在蔬菜烩上。加入圆葱碎和松仁即可。

AUBERGINES, SAUCE SÉSAME
烤茄子配芝麻酱

6人份／烤制时间：40分钟
6 pers. / cuisson : 40 min

茄子（小）	6个
新鲜百里香	1汤勺
原味酸奶	2杯
芝麻酱	2汤勺
蒜末	1汤勺
柠檬汁	1汤勺
新鲜香菜碎	3汤勺
石榴	1个
腰果	100克
橄榄油	2汤勺
盐、胡椒粉	适量

1. 首先，将烤箱预热至180℃。
   把茄子纵向切两半，果肉用刀
   划规则十字纹，再放入烤盘。
   均匀涂抹上橄榄油，并加上百
   里香、盐和胡椒粉。放入烤箱
   烤40分钟。

2. 然后，将酸奶和芝麻酱、蒜末、
   柠檬汁均匀混合。石榴取出果
   粒。将腰果用平底锅煎至松脆。

3. 最后，将烤好的茄子涂抹上已
   准备好的芝麻酱混合酱料，撒
   上石榴粒、腰果和香菜碎。可
   即刻享用。

LÉGUMES D'AUTOMNE AU SIROP D'ÉRABLE
秋季蔬菜大烤烩配枫糖浆

6人份 / 烤制时间：50分钟
6 pers. / cuisson : 50 min

马铃薯	6个
欧防风	2个
红薯	1个
枫糖浆	2汤勺
红色菊苣嫩叶	2片
奶酪花	6~8个
果味橄榄油	4汤勺
盐、胡椒粉	适量

1. 首先，将烤箱预热至180℃。蔬菜洗净切成圆片。把大部分橄榄油和枫糖浆在盆中均匀混合后倒入蔬菜中，加盐和胡椒粉调味。

2. 然后，烤盘入烤箱烤50分钟，直至蔬菜熟透变软。

3. 最后，清洗沙拉菜叶并放在蔬菜上面，再加入奶酪花，浇上少许橄榄油后，即可品尝。

CURRY DE SHIITAKES AU LAIT DE COCO ET GINGEMBRE
咖喱椰奶姜味烤香菇

6 人份／烤制时间：20 分钟
6 pers. / cuisson : 20 min

香菇	1千克
小扁豆	1 大罐（800 克）
椰子奶油	250 毫升
姜末	1 汤勺
咖喱粉	1 汤勺
香菜末	3 汤勺
盐、胡椒粉	适量

1. 首先，将烤箱预热至180℃。每个香菇切成两块，如果偏大可切成3块。用漏勺冲洗小扁豆。

2. 然后，在烤盘上覆盖好锡纸，倒入小扁豆和香菇，浇上椰子奶油，再加入姜末和咖喱粉，均匀混合。将锡纸严实地封起来。放入烤箱烤制20分钟。

3. 最后，取出烤盘，打开锡纸，加入香菜末，并视个人喜好调整味道，即可享用。

BROCHETTES DE LÉGUMES CARAMÉLISÉS
焦糖味烤蔬菜串

4串 / 烤制时间：35～40分钟
Pour 4 brochettes / cuisson : 35 à 40 min

番茄	4个
西葫芦	2个
黄甜椒	2个
红洋葱	1个
白香醋	2～3汤勺
面包	4片
牛至	1汤勺
菠菜叶	1袋
少许橄榄油	3份
盐、胡椒粉	适量

1. 首先，将烤箱预热至180℃。在水中放入4个烤串签。西红柿一切6份，西葫芦切1厘米厚度圆片，甜椒切片。洋葱去皮切成大块。将不同蔬菜交替穿在串签上，放在烤盘上。在蔬菜串上浇上橄榄油和白香醋，撒盐和胡椒粉调味。放入烤箱烤25分钟。

2. 然后，用剩余橄榄油涂抹面包片，并切成薯条形状，放入烤盘，加上牛至、盐和胡椒粉。放入烤箱烤10～15分钟。

3. 最后，取出成品，加入菠菜叶和少许橄榄油，即可品尝。

FRUITS D'AUTOMNE À LA TOMME
烤水果配多姆奶酪

6人份 / 烤制时间：25～30分钟
6 pers. / cuisson : 25 à 30 min

苹果	6个
梨子	3个
木瓜	2个
无花果	6个
栗子	1罐
蜂蜜	1汤勺
橄榄油	4汤勺
苦苣	2个
野苣	一小撮
核桃油	2汤勺
苹果醋	1汤勺
多姆奶酪	200克
核桃仁	3汤勺
盐、胡椒粉	适量

1. 首先，将苹果、木瓜和梨子去皮，每个切成4～6份。切好的水果放入烤盘，加入无花果（每个一分为二）和梨子。将蜂蜜和橄榄油均匀混合后，倒在烤盘的水果上。放入烤箱烤制20～30分钟，烤箱温度为180℃。在烤制半程时，用锡纸覆盖住烤盘。

2. 然后，苦苣切块，奶酪切块。将核桃油和醋均匀混合做成油醋汁。

3. 最后，取出烤盘，加入野苣、奶酪和苦苣，并浇上已准备好的油醋汁。

COURGETTES FARCIES
烤西葫芦（带馅儿）

6人份／烤制时间：30～35分钟
6 pers. / cuisson : 30 à 35 min

西葫芦（大）	3个
预煮谷物	2盒
已切碎的腌渍番茄	6个
洋葱	3个（切碎）
黑橄榄	12个
牛至	2汤勺
罗勒	1捆
蒜	2瓣
番茄（小）	1个
松仁	4汤勺
胡萝卜	1个
黄瓜（小）	1个
橄榄油	6汤勺
盐、胡椒粉	适量

1. 首先，将西葫芦纵向一切两半。挖空果肉，把取出的果肉与谷物、番茄、红葱、橄榄、牛至、4汤勺橄榄油、盐和胡椒粉用料理机搅拌混合在一起。将混合好的馅料填满西葫芦。

2. 然后，将填充好的西葫芦放入烤盘，放入烤箱以180℃烤30分钟。烤制一半时，用锡纸覆盖住烤盘。

3. 最后，将罗勒、蒜瓣和去皮番茄一起用料理机搅拌混合，搅拌的同时，加入橄榄油、盐和胡椒粉。松仁炒至松脆。黄瓜和胡萝卜切片后，同烤好的西葫芦一起享用。

称量单位对照表 / MESURES ET ÉQUIVALENCES

原料称量备忘录（无天平情况下）

原料	1咖啡勺	1汤勺	1芥末杯
黄油	7克	20克	
可可粉	5克	10克	90克
浓稠奶油	15毫升	40毫升	200毫升
稀奶油	7毫升	20毫升	200毫升
面粉	3克	10克	100克
奶酪碎	4克	12克	65克
其他液体			
（水、油、醋、酒精等）	7毫升	20毫升	200毫升
玉米淀粉	3克	10克	100克
杏仁粉	6克	15克	75克
葡萄干	8克	30克	110克
大米	7克	20克	150克
盐	5克	15克	
粗小麦粉	5克	15克	150克
糖粉	5克	15克	150克
糖霜	3克	10克	110克

巧记液体测量

1烧酒杯＝30毫升

1咖啡杯＝80～100毫升

1芥末杯＝200毫升

1茶杯＝300毫升

1碗＝350毫升

小窍门

1枚鸡蛋＝50克

1颗榛仁大小的黄油＝5克

1颗核桃仁大小的黄油＝15～20克

烤箱温度应用

温度（℃）	调节档
30	1
60	2
90	3
120	4
150	5
180	6
210	7
240	8
270	9